# Análisis enfermero de un Proceso de Atención Integrado:

# LA FIBROMIALGIA

Mª Ángeles Cutilla Muñoz
Raquel Marín Morales
Rocío Martínez Capa

Máster en Ciencias de la Enfermería, Huelva [29-05-2010]

Copyright ©: Raquel Marín Morales,
            Mª Ángeles Cutilla Muñoz y
            Rocío Martínez Capa.

1ª Edición, Agosto 2012.

ISBN: 978-1-291- 02850-8

Distribuído por: www.lulu.com

*Dedicado a todas las mujeres*

INDICE:

-Justificación..................................................8

-Ventajas de trabajar por procesos................13

-Notas a la lectura del documento..................25

-Términos de redacción del documento............26

-Funciones presentes/ausentes de los actores...28

-Enfoque de género-Participación ciudadana......30

-Propuestas de mejora..............................33

-Anexos............................................35

-Bibliografía.......................................41

# JUSTIFICACIÓN

## OBJETIVOS: ANALIZAR EL PROCESO

Nos planteamos el papel de la enfermera en atención primaria dentro del proceso y evolución de esta, ejemplo de mejora continua y el creciente protagonismo dentro del sspa así como un análisis desde la mirada de género sobre la construcción y aplicación del mismo buscando el cumplimiento sobre las recomendaciones en la guía de integración de la dimensión de Género en los PAI.

La tasa de prevalencia del síndrome de fibromialgia es de alrededor del 2-3% de la población general. Según el estudio EPISER acerca de la población española se estima una prevalencia del 2,7%: 4,2% para el sexo femenino y 0,2% para el sexo masculino, considerando la manifestación prioritaria el dolor musculoesquelético.

Según el Instituto Ferran de Reumatología la alta prevalencia de la fibromialgia (se estima hasta un 4 % de la población general adulta, aunque estudios del año 2000 la cifran en España en un 2-3%), hacen de este síndrome un problema de salud pública importante y de difícil abordaje.

Con respecto al sexo, la fibromialgia es una patología que afecta masivamente a las mujeres en una proporción que se cifra entre 8/1 y 20/1 (mujeres / hombres), sin que sepamos a qué se debe esta masiva predilección por el sexo femenino. Pese a ello es conveniente recordar que existen hombres con Fibromialgia, pues a veces su diagnóstico se hace más difícil por ésta circunstancia.

La evaluación de la discapacidad en enfermos con Fibromialgia es compleja y controvertida, esencialmente por la falta de una medida objetiva del dolor en un contexto de escepticismo por parte de los agentes evaluadores.

Pese a que el impacto funcional de la Fibromialgia es importante comparativamente con otras patologías, la inmensa mayoría de enfermos con Fibromialgia pueden mantener actividad laboral con adaptaciones, como por ejemplo, entrar más tarde a trabajar, disminuir el tiempo de jornada laboral, disminuir los días trabajados y/o pasar a ocupar puestos de menor agotamiento (físico o mental) o consumo energético. Mantener esta actividad mejora la autoestima y el pronóstico en el medio y largo plazo.

Se estima que entre un 20 y un 30 % de casos requeriría una incapacidad para su profesional habitual si se produjesen estas adaptaciones y que entre un 10 y un 17 % requerirá una incapacidad absoluta.

El síndrome fibromiálgico, según la Psiquiatría de Enlace, se ha convertido en una de las principales causas de dolor crónico en la población. Es una condición médica que se caracteriza por dolor muscular generalizado, de predominio axial, con puntos de sensibilidad o dolorosos en sitios específicos a los que se asocian trastornos del sueño, fatiga, cansancio, depresión, ansiedad, cefalea crónica, alteraciones de la esfera sexual y disminución de la capacidad intelectual, cuyo diagnóstico es clínico ya que no existen pruebas de laboratorio para corroborarla.

Se presenta con una prevalencia en la población general del 2%, siendo más frecuente en la mujer (entre el 70 y 90 % según diferentes estudios) entre las edades de 30 a 60 años, aunque se está presentando en niños. Son un motivo frecuente de asistencia al médico de familia, es la quinta causa de asistencia al reumatólogo y ocupa el tercer lugar en orden de frecuencia dentro de las enfermedades reumatológicas superada por la osteoartritis y la artritis reumatoide.

Según podemos comprobar el problema de la fibromialgia tiene una incidencia alta como para considerar su abordaje prioritario. A esto añadir que en nuestra práctica clínica trabajamos con grupos de personas afectadas de esta enfermedad y que de forma individual atendemos con frecuencia en nuestras consultas, de ahí nuestro alto interés en la elección de trabajar éste Proceso Asistencial Integrado (PAI).

# VENTAJAS DE TRABAJAR POR PROCESOS

Los procesos asistenciales son herramienta de *calidad* que vienen a aportar los resultados de un proceso de análisis de los distintos componentes que intervienen en la prestación sanitaria definiendo los *servicios idóneos* para problemas de salud, ordenando los flujos de trabajo de la misma, mediante el conocimiento actualizado basado en la evidencia y resaltando los resultados obtenidos sin obviar las *expectativas de la ciudadanía* y de *profesionales*, con un objetivo primordial que es la *disminución de la variabilidad clínica*, evitando disfunciones en la atención al ciudadano. Promoviendo la mejora en la *utilización racional de los recursos sanitarios* y estimulando el desarrollo de *nuevas líneas de investigación* sobre las causas de la enfermedad, diagnósticos y tratamientos.

Dos elementos esenciales son la *continuidad asistencial* y la *coordinación interniveles.*

A diferencia de una GPC[1] la cual constituye un "conjunto de instrucciones, directrices, afirmaciones o recomendaciones, desarrolladas de forma sistemática cuyo propósito es ayudar a médicos y a pacientes a tomar decisiones, sobre la modalidad de asistencia apropiada para unas circunstancias clínicas"

La estructura general del proceso está presentada con un documento amplio a modo de recurso bibliográfico (proceso completo) y un formato de uso rápido en manejo de consulta (guía rápida), esta última contiene información útil como definición funcional, normas de calidad para atención primaria y para atención especializada y las normas de calidad incluidas en el contrato programa de la Consejería/SAS con un último algoritmo de actividades a realizar por el conjunto de profesionales en lo que se llama *arquitectura de nivel 3: AP*

1.- **_Definición global_**: define como establecer el diagnóstico, ofrecer asistencia sanitaria y tratamiento.

Se define cuándo se incluye en el proceso y cuándo podría darse por concluido (en este caso no parece claro). También definen qué personas no quedarían dentro del proceso a pesar de padecer FM.

Un apartado de observaciones define lo que se considera dolor crónico y dolor generalizado

2.- *Las personas como destinatarias* de la atención han sido escuchadas y participantes en cuanto a sus necesidades sentidas, tenidas en cuenta mediante técnica de grupo focal; quedando recogidas literalmente sus peticiones dentro de distintos apartados la necesidad de: Accesibilidad, cortesía, competencias, comunicación, tangibilidad, así como necesidades y expectativas sobre el sistema sanitario (importante reseña de la mejora de la calidad de vida) y sobre los profesionales (se les solicita comprensión, buena comunicación y escucha además de otras cuestiones de orden científico-técnico).

También se explicitan las necesidades y objetivos planteados por los grupos de profesionales que participaran del proceso; médicos de familia, enfermeras, fisioterapeutas, reumatólogos, rehabilitador y psicólogos además de otros profesionales "ficticios" como médicos del deporte.

Respecto a la petición de las enfermeras de AP, nos parece oportuno reseñar la petición expresa por ser objeto principal del análisis y porque volveremos sobre ello a lo largo del trabajo:

◊ *Que los médicos se impliquen en esta enfermedad*
◊ *Poner en marcha programas de FM en los centros de AP*
◊ *Que los profesionales que tengan la responsabilidad de los programas reciban la formación adecuada*
◊ *Disponer de los recursos materiales y humanos necesarios para el desarrollo del programa*
◊ *Reconocimiento del valor fundamental de los programas de FM en el bienestar de la paciente y no sean considerados "programas de lujo"*
◊ *Trabajar en colaboración con colectivos sociales e institucionales para rentabilizar los recursos*

3.- **Características de calidad** sobre los distintos componentes anteriormente expuestos; el paciente (calidad sobre la información, accesibilidad, comunicación, asistencia sanitaria, educación sanitaria, y asistencia sanitaria por cada uno de los/as profesionales que participan en el PAI). Aquí volvemos a reseñar las características de calidad solicitadas a las enfermeras:

◊ *Poner en marcha <u>programas de FM</u> en los centros de AP*

◊ Aplicar <u>cuestionarios para evaluar nivel sintomático</u> a todas las pacientes que han sido incluidas en programa de FM

◊ <u>Promover</u> la adquisición de <u>conocimientos, habilidades y actitudes</u> por las pacientes para el <u>afrontamiento</u> de su enfermedad.

Respecto a la **educación sanitaria**, con mención especial como entidad propia, quizás, por la

complejidad y multitud de opciones-acciones necesarias para el abordaje de esta situación de salud, el documento aporta unas características de calidad que incluyen:
- Programa de aprendizaje para el cumplimiento del tt° médico y rehabilitador y de hábitos saludables.
- Programa de adiestramiento en AC (autocuidados)
- Informar sobre grupos de ayuda locales.

Si analizamos las características de calidad para la enfermera de AP se centra:
- Poner en marcha programas de FM en los centros de AP
- Aplicar cuestionario para evaluación del nivel sintomático a todas las "pacientes" que han sido incluidas en programa de FM

- Promover la adquisición de conocimientos, habilidades y actitudes por las "pacientes" para el afrontamiento de su enfermedad.

*4.- **Componentes**:* se realiza una descripción general mediante una estructura y secuencia de actividades según el/a profesionales que intervengan desglosando QUIÉN, CUÁNDO, DÓNDE Y CÓMO se realizan esas intervenciones para dar homogeneidad y coherencia a los flujos del proceso. En este esquema volvemos a quedarnos con el apartado destinado a PLANES DE CUIDADOS (eufemismo y reduccionismo del desarrollo de nuestra disciplina enfermera) todos los apartados llevan referencia al cuerpo disciplinar al que se refiere, excepto este. Después sigue un esquema amplio con desarrollo de todas las actividades que competen a cada profesional en cada una de las visitas y sus características de calidad; observando que cada grupo de profesionales valoran y/o intervienen y/o gestionan excepto la enfermera que su actividad es PLANES DE CUIDADOS, saltándose la etapas previa a las intervenciones y la posterior como la evaluación, (esto nos hace pensar en la necesidad de hacer un autoanálisis sobre el concepto de valorar según la RAE "reconocer, estimar o apreciar el valor o mérito de alguien o algo" y si nos remitimos a su significado[5] según el cual implica "emitir un juicio sobre el valor de algo o alguien en función de una serie de datos que tenemos de ese algo o alguien y de nuestros esquemas y concepciones previas". De tal modo no vemos reflejado una orientación hacia la recogida y análisis de datos que nos haga pensar en un *marco teórico* de referencia ni en una *Teoría enfermera.*

Dentro del apartado de los componentes se recogen una serie de **competencias profesionales** enmarcadas dentro de un plan de competencias generales del sistema sanitario público de Andalucía, definiendo el concepto de competencia y las áreas en las que se materializa (conocimientos, habilidades y actitudes) y los grupos hacia los que se dirigen (médicos, enfermeras, matronas y fisioterapeutas). Así se distinguen distintas fases para el desempeño y desarrollo exitoso de cada puesto de trabajo:
- Mapa de competencias general tipo con competencias nucleares con independencia del nivel o proceso asistencial en el que nos ubiquemos los profesionales

- Categorización de dichas competencias nucleares para cada grado de desarrollo (avanzado, óptimo, excelente) con unos mínimos y unos máximos.
- Definir específicamente las competencias de los distintos niveles

**Competencias específicas del proceso;** referidas a aquellas que no están incluidas habitualmente en la titulación exigible para el desarrollo profesional de cada uno de los niveles asistenciales.

En este apartado, no se obvia la necesidad de detallar los recursos materiales y humanos necesarios y las unidades de soporte.

**5.-** *Representación gráfica* : en este apartado tenemos la posibilidad de visualizar de forma muy esquemática los componentes y flujos del proceso en tres niveles denominados *arquitectura nivel I* donde se detalla la entrada en el proceso de la persona con dolor crónico y su captación en AP y derivación al 2º nivel asistencial con el seguimiento en AP, una *arquitectura de nivel II* en el que se realiza la valoración y seguimiento de la persona en AP por los/as profesionales implicados y su seguimiento en atención especializada dónde se hecha de menos la intervención/participación de la enfermera, y por último una arquitectura nivel III que recoge de forma esquemática un algoritmo de actividades generales llevadas a cabo en AP desde el inicio del proceso hasta su salida de él.

**6.-** *Indicadores*: se solicita información sobre Prevalencia de la enfermedad, nivel sintomático, tratamiento farmacológico, los GAM, el ejercicio físico y calidad de vida,

# NOTAS A LA LECTURA DEL DOCUMENTO:

P.A.I. Fibromialgia

Todo el proceso tiene unos objetivos y una estructura general en coherencia con el flujo de acciones-actividades-intervenciones centradas en el ciudadano y los profesionales; pero haciendo una lectura pormenorizada sobre las funciones e interpretaciones de los distintos actores del proceso, y tras la lectura de la bibliografía consultada, nos gustaría realizar algunos matices que consideramos podrían ir en dos líneas:

- Términos en los que se encuentra redactado el documento.
- Funciones presentes/ausentes de los actores. Empoderamiento.

## TÉRMINOS EN LOS QUE SE HA REDACTADO EL DOCUMENTO.

-El concepto de "paciente" se podría sustituir por el de "la persona afectada de..."en todo el documento.

- La terminología es confusa en determinados epígrafes; como ejemplo los apartados en los que se indican Flujos de salida confunden respecto al significado.

- Mención especial merece el término AUTOCUIDADO, al que se hace referencia en pocas ocasiones, pero la podemos detectar en la pag. 22 apartado de educación sanitaria, como "programa de adiestramiento en autocuidados", El autocuidado es una actividad aprendida por los individuos, orientada hacia un objetivo . Es una conducta que existe en situaciones concretas de la vida , dirigida por las personas sobre sí mismas , hacia los demás o hacia el entorno , para regular los factores que afectan a su propio desarrollo y funcionamiento en beneficio de su vida , salud o bienestar".

Creemos que hace referencia reduccionista de la educación sanitaria, ya que si tenemos en cuenta, que el término más actual de la misma"…Promover los cambios ambientales y sociales que sean necesarios para que el cambio de conducta pueda llevarse a cabo y mantenerse" (Salleras…). En este sentido vemos cómo se separa de la educación sanitaria el abordaje e implicación de los familiares y cuidadores (pag. 23) para implicarlos en las actividades de formación por parte de la fisioterapeuta.

- A lo largo del documento se hace referencia al abordaje de las mujeres (cierto que la Prevalencia es mayor), pero parece que se excluye la atención a los hombres afectados.

## FUNCIONES PRESENTES/AUSENTES DE LOS ACTORES

- Pag. 23. En *Objetivos. Flujos de salida: Asistencia sanitaria por enfermera de AP. Consideramos necesaria una*: Valoración integral y Plan de Cuidados personalizado como criterio de calidad.

-Pag.28. En *Componentes*, entre la 3ª y 4ª visita iría Enfermera/o: pruebas complementarias ¿analítica?:

    Quién: Enfermera/o de AP
    Cuándo: Consulta programada
    Dónde: Centro de salud o domicilio
    Cómo: Procedimiento/ Protocolos.

-Pag. 28 En el 5º componente, en el cuándo, completarlo: Tras el diagnostico de enfermería.

-Pag. 33. En *Profesionales. Actividades. Características de calidad.* Debería poner Médico de Familia/Enfermera/o de AP o Comunitaria, puesto que incluye actividades de enfermería.

- Siguiendo en la pag. 34 se vuelve a mencionar la derivación para plan de cuidados a la enfermera; en este caso significa incluir en GAM.

-En *Representación gráfica, Arquitectura de procesos nivel 2. fibromialgia: Atención primaria,* poner junto con pruebas complementarias enfermera/o y en plan de cuidados también además de valoración. Pag 57

-En *Arquitectura de procesos nivel 3. Fibromialgia: Atención primaria,* poner enfermera/o en pruebas complementarias y en planes de cuidados también, además de valoración y DxE. Pag 59

## ENFOQUE DE GENERO-PARTICIPACION CIUDADANA

En el III Plan Andaluz de Salud, se refleja el empeño por considerar la perspectiva de género de manera transversal en todas las acciones dirigidas a mejorar la salud de la población. De aquí nace la "Guía para facilitar la incorporación de la perspectiva de género en los planes integrales de salud". Consejeria de Salud (2008)

Después de comprobar, en el PAI Fibromialgia, los indicadores para estas cuestiones, que sugieren dicha guía, destacamos las siguientes observaciones:

-En primer lugar en la constitución del equipo de trabajo, no se observa que se haya tenido en cuenta la igual participación entre hombres y mujeres con tendencia a la paridad (2 mujeres y 7 hombres), siendo un problema fundamentalmente femenino. Además no se explicita quienes son, si tienen formación de genero, ni que haya representación de los colectivos afectados por lo que pensamos que en su composición no hay nadie que sea representante de las necesidades de este colectivo, que sería un indicador de participación ciudadana. Y además representantes de otros colectivos mas desfavorecidos, inmigrantes, residentes en zonas rurales, residentes en ZNTS, otros...

Tampoco sabemos si el coordinador del grupo tiene formación específica de género, imprescindible en su misión de liderar el proyecto, o por lo menos si no la tiene proponerle alguna.

-Aunque se recogen las expectativas de las personas con fibromialgia, no hay participación de asociaciones de ciudadanos/as con esta enfermedad y/o familiares, ni información sobre las mismas a lo largo de todo el proceso.

En relación a la redacción observamos que:

-El lenguaje es androcentrista, dando invisibilidad a la mujer, se sutiliza de manera abusiva el masculino genérico, sin alternancia ej: Reumatólogo, psicólogo, medico, etc...

- La fibromialgia es una enfermedad que se da más entre las mujeres que entre los hombres, pero no es exclusiva de las mujeres, en el proceso es tratada como enfermedad femenina fundamentalmente, creemos que esto es una desigualdad de género tanto por lo que afecta al hombre como a lo que afecta al considerarla solo de mujeres, pierde diversidad en su abordaje.

En el análisis de recursos:

-No hay información sobre los recursos extrasanitarios, de otras instituciones u otros sectores

-Aunque se recomienda la participación en asociaciones, no se da información sobre las mismas

En cuanto a sistemas de evaluación e información:

-En éste PAI es inexistente la evaluación de las medidas adoptadas para abordar éste problema de salud, y por lo tanto no podemos adecuar indicadores sensibles que permitan medir la reducción de las desigualdades, ni la diferencia de género ni a la participación ciudadana.

En cuanto a calidad:

-No se registra ninguna propuesta para medir la satisfacción de los/as usuarios/as, importante para adaptar las intervenciones a las necesidades mas reales

**PROPUESTAS DE MEJORA**

- La prescripción enfermera no se refleja en todo el documento)

- Indicadores referidos a la intervención mediante GAM, a pesar de pasarnos todo el proceso hablando de plan de cuidados, aquí no existen estándares, ni siquiera se traduce qué son plan de cuidados.

## APARTADO DE ANEXOS

✚ En un primer anexo se aportan documentación y recomendaciones sobre exploración de puntos dolorosos, también un esquema gráfico clarificador.

✚ En el anexo 2 destinado a escalas de valoración del nivel sintomático (evaluación del dolor, estado de ansiedad y depresión y de la capacidad funcional de la persona) y aportando los cuestionarios correspondientes y la valoración según resultados (reseña bibliográfica a pié de página).

✚ La información para el paciente en el anexo 3, aparece de forma amplia y detallada el concepto, etiología, sintomatología, diagnóstico, tratamiento y pronóstico, con reseña bibliográfica a pié de página.

✙ La clasificación según el nivel sintomático y la estrategia terapéutica a seguir la tenemos en el anexo 4, donde nuevamente nos sorprende el encabezamiento de las intervenciones con PLAN DE CUIDADOS y esta vez podemos atribuirle el matiz positivo de nuestra intervención como beneficiosa en todos los estadios de la enfermedad.

✙ El documento se completa en el anexo 5 con un diagnostico diferencial con otras entidades clínicas similares.

✙ Tratamiento farmacológico en el anexo 6 con niveles de evidencia para cada tipo de fármaco recomendado en el proceso.

✠ El anexo 7 sobre el ejercicio físico nos habla sobre aspectos generales, beneficios, principios generales sobre la prescripción, aportando escala para medir el nivel de esfuerzo, disnea y cansancio en las piernas, recomendaciones y pautas para llevar a cabo el trabajo aeróbico según si el nivel de afectación es alto, medio o bajo respecto a ejercicios de estiramientos, fuerza, y flexibilidad.

✠ El anexo 8 vuelve a retomar una parte del tratamiento como un apartado independiente como es el tratamiento educacional donde tenemos el término afrontar, autocuidados, calidad de vida y enfermera aunque con recomendación de una primera avanzadilla en el abordaje por parte del profesional médico sobre concepto de FM, diagnóstico, tt° y pronostico. En este tratamiento educacional se recomiendan estrategias de autoayuda a modo de recetario.

+ Al anexo 9 le corresponde aportar el material para el trabajo en grupo, los grupos de autoayuda como referentes de apoyo a la salud de las personas diagnosticadas y materiales para explorar motivaciones del grupo y realización de relajación. También se abordan otros temas como el estrés, la ansiedad, la depresión.

+ Anexo 10, tratamientos no farmacológicos en el manejo de la fibromialgia con distintos niveles de evidencia para las distintas terapias de tipo alternativas; llama la atención la reseña bibliográfica a pié de página.

Todos los anexos analizados podríamos decir que conforman un pequeño recetario desglosado por partes sin una conexión lógica que de a la persona la calidad del "paquete completo", aparecen mezclados apartados como documentación al paciente, y separados los distintos tratamientos (farmacológicos, tratamiento educacional, tratamiento en grupos, grupos de autoayuda, otras terapias….) y así todos los documentos referidos.

-En el *Anexo 2,* falta un cuestionario, test o índice que mida la cantidad y calidad del sueño.
-En el *Anexo 3,* pag 75, en el último renglón cuando expresa "personal de Enfermería bien

formado", ¿Qué pasa con el resto de profesionales, se les considera formados y enfermería no?

- En el *Anexo 6,* el primer párrafo debería estar referenciado científicamente. Pag. 81

- Falta un Anexo de Planes de Cuidados de Enfermería. Proceso Enfermero

- En el *Anexo 9 Material para trabajo en grupo,* solo se sugiere la relajación progresiva de Jacobson, creemos que la autógena de Schultz, la visualización, imaginación, disociación, técnicas de respiración, meditación, musicoterapia......también serían apropiadas

- Pag. 63 Indicadores referidos a la intervención mediante GAM, a pesar de pasarnos todo el proceso hablando de plan de cuidados, aquí no existen estándares, ni siquiera se traduce qué son plan de cuidados.

# BIBLIOGRAFÍA

1. http://www.infodoctor.org/rafabravo/guidelines.htm (consultado 18/3/10)
2. http://www.fibromialgia.nom.es/protocolo_tratamiento_abordaje_andalucia_fibromialgia.html (consultado 18/3/10)
3. Instrumento para el manejo de la FM en AP.(Gobierno Vasco. Departamento de sanidad)
4. CASTRO PERAZA, M. Elisa de. La fibromialgia, en el mejor momento de la vida. *Index Enferm.* [online]. 2007, vol. 16, no. 56 [citado 2009-03-19], pp. 55-59. Disponible en: <http://scielo.isciii.es/scielo.php?script=sci_arttext&pid=S1132-12962007000100012&lng=es&nrm=iso>. ISSN 1132-1296.

5. Toronjo Gómez, Ángela y cols. Aprendiendo utilizar la metodología enfermera. Materiales par la docencia, 37. 2004 Universidad de Huelva.

# GRACIAS

www.ingramcontent.com/pod-product-compliance
Lightning Source LLC
Chambersburg PA
CBHW072302170526
45158CB00003BA/1149